目录

我是乔治，我出现在书中的各处，准备和你一起阅读。

■ 长故事 ■

乔治教授丢失的玛德琳蛋糕

2034年

乔治教授

是国际时间观测站的指挥官和创建人。

他的同事有：

约翰尼

桑迪

奥列格

观测站运行在地球卫星轨道上。

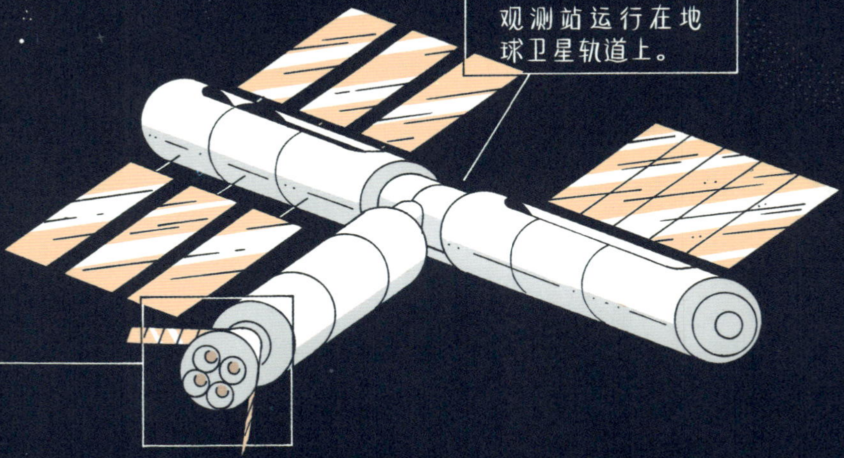

乔治教授驾驶一架脱离式穿梭机，可以穿越时空。

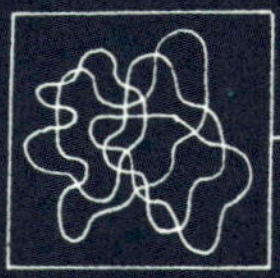

涡流

想要进行时间旅行并不难，只需要反转涡流。

他的目的？

真是令人大开眼界呀！

11 侦探

[法] 安娜－贝内迪克特·施维贝尔 编　欧瑜 译

中信出版集团 | 北京

图书在版编目（CIP）数据

真是令人大开眼界呀！. 11, 侦探 /（法）安娜－贝内迪克特·施维贝尔编；欧瑜译. -- 北京：中信出版社，2023.11

ISBN 978-7-5217-5850-4

Ⅰ. ①真… Ⅱ. ①安… ②欧… Ⅲ. ①科学知识－儿童读物②智力游戏－儿童读物 Ⅳ. ① Z228.1 ② G898.2

中国国家版本馆 CIP 数据核字（2023）第 120251 号

真是令人大开眼界呀！ 11 侦探

编　　者：［法］安娜－贝内迪克特·施维贝尔
译　　者：欧瑜
出版发行：中信出版集团股份有限公司
（北京市朝阳区东三环北路27号嘉铭中心　邮编　100020）
承 印 者：北京尚唐印刷包装有限公司

开　　本：889mm × 1194mm　1/16　　印　　张：2.75　　字　　数：67千字
版　　次：2023年11月第1版　　印　　次：2023年11月第1次印刷
京权图字：01－2023－1613
书　　号：ISBN 978-7-5217-5850-4
定　　价：398.00元（全20册）

出　　品：中信儿童书店
图书策划：小飞马童书
总 策 划：赵媛媛
策划编辑：张婷
责任编辑：许美琳
营　　销：中信童书营销中心
美术设计：谢佳静
内文排版：王莹

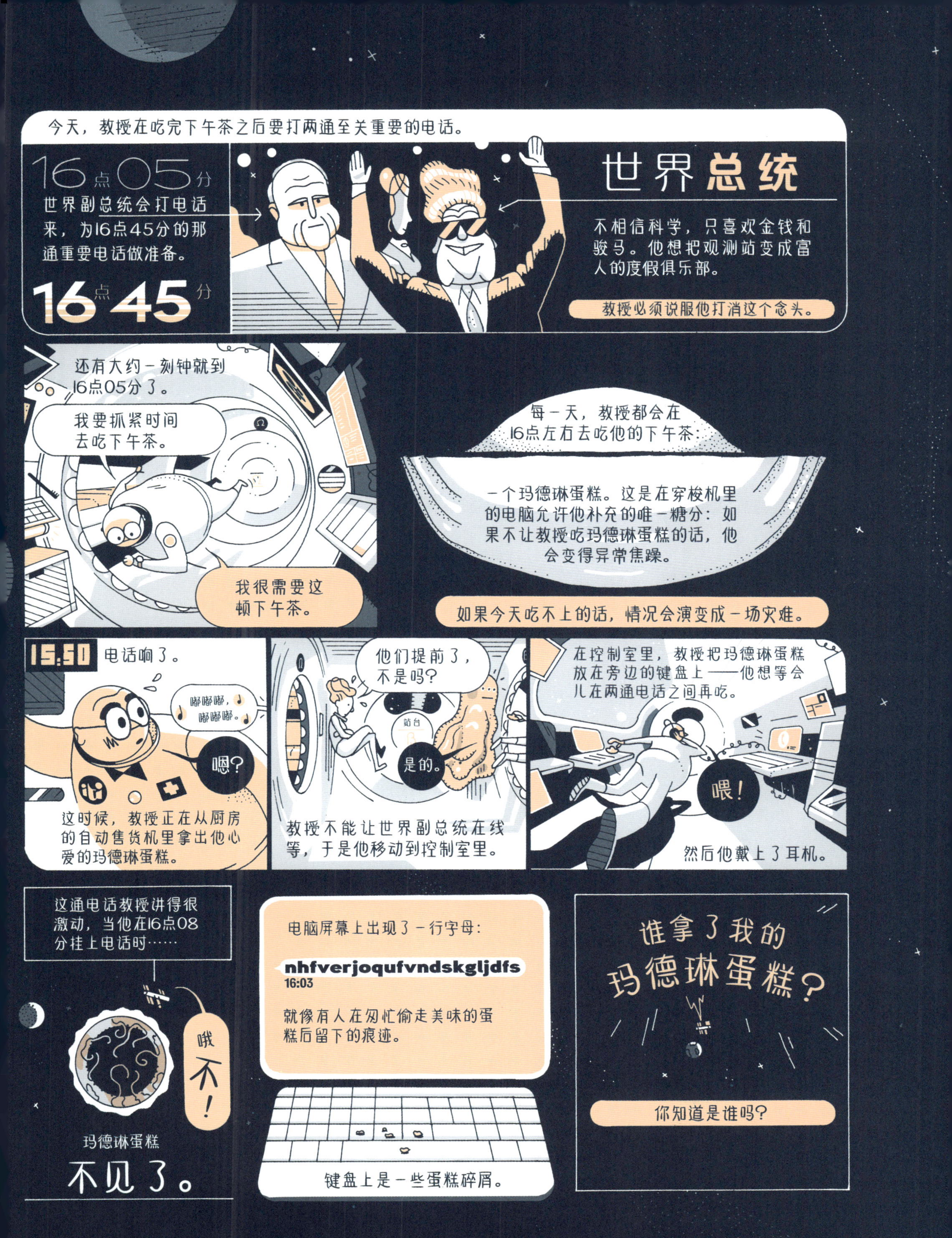

今天，教授在吃完下午茶之后要打两通至关重要的电话。
16点05分
世界副总统会打电话来，为16点45分的那通重要电话做准备。
16点45分
世界总统
不相信科学，只喜欢金钱和骏马。他想把观测站变成富人的度假俱乐部。
教授必须说服他打消这个念头。
还有大约一刻钟就到16点05分了。
我要抓紧时间去吃下午茶。
我很需要这顿下午茶。
每一天，教授都会在16点左右去吃他的下午茶：
一个玛德琳蛋糕。这是在穿梭机里的电脑允许他补充的唯一糖分：如果不让教授吃玛德琳蛋糕的话，他会变得异常焦躁。
如果今天吃不上的话，情况会演变成一场灾难。
15:50
电话响了。
嘟嘟嘟，嘟嘟嘟。
嗯？
这时候，教授正在从厨房的自动售货机里拿出他心爱的玛德琳蛋糕。
他们提前了，不是吗？
是的。
教授不能让世界副总统在线等，于是他移动到控制室里。
在控制室里，教授把玛德琳蛋糕放在旁边的键盘上——他想等会儿在两通电话之间再吃。
喂！
然后他戴上了耳机。
这通电话教授讲得很激动，当他在16点08分挂上电话时……
哦不！
玛德琳蛋糕
不见了。
电脑屏幕上出现了一行字母：
nhfverjoqufvndskgljdfs
16:03
就像有人在匆忙偷走美味的蛋糕后留下的痕迹。
键盘上是一些蛋糕碎屑。
谁拿了我的玛德琳蛋糕？
你知道是谁吗？

今天可不能没有玛德琳蛋糕！
其他的人都去哪儿了？
当教授拿起一张纸和一支笔的时候，就说明有重要的事情将要发生。
要务
推测团队里的每个成员在玛德琳蛋糕失踪时都在哪里。
记录
每个人都去过哪个房间。
每个人的时间旅行过程。
以便追溯出他们的行为时间表！
每次有人通过舱门或站台的时候都会被记录在一个叫作“日志”的文件上。
16:09 约翰尼
没有回复。
他的穿梭机可能被困住了。
每次时间旅行的往返各需要5分钟，在这5分钟里，穿梭机中的人无法与外界联系。
您好，约翰尼的电话目前无法接通，请留言。
16:10 桑迪
喂，教授。什么？
哦不，我没有吃您的玛德琳蛋糕，没有！
我一直在办公室里，跟冥王星人波波博在一起。
我等他回话呢。
舱门 Ω
站台 β
舱门 β
您知道冥王星人长什么样子吗？
乔治教授
奥列格，尽快来控制室跟我碰面。
16点09分发送
奥列格
我正在打电话，我会尽快赶过去。
16点11分发送
桑迪
美国
2032年仙女座星际穿越冠军。
她是乔治教授信赖的同事，也是当时距离玛德琳蛋糕最近的人。
波波博来的时候我就离开了控制室。
站台 β
舱门 β
您从厨房到控制室的路上还碰到了我们，之后我们就一直待在办公室里。
冥王星
矮行星
他啊，他没有经过大厅。
舱门 Ω
站台β朝向办公室。

穿梭机航线

时间	日期	目的地
15点40分	20万年前	卡马尔格
15点55分	今天	月球
16点	今天	观测站
16点05分	白垩纪	坦桑尼亚

约翰尼任务列表

1. 卡马尔格，20万年前，马力（-1）。
2. 月球，今天，马力（+1）。
3. 返回观测站。

无论花了多少时间到达目的地，从开始做任务起，每个任务的持续时间都是10分钟。

乔治教授
约翰尼，你在白垩纪时期做了什么？

16点13分发送

所以，一次标准的时间旅行往返所用时间就是20分钟。

A —去程（5分钟）→ B —任务（10分钟）— B —返程（5分钟）→ A

物种词汇表

冥王星人
冥王星的居民

冥王星人之间可以通过心灵感应来交流，所有冥王星人都通过心灵感应联系在一起。冥王星人的知识随时都在共享，在更新知识的时候，他们会处于一种类似无意识的状态。

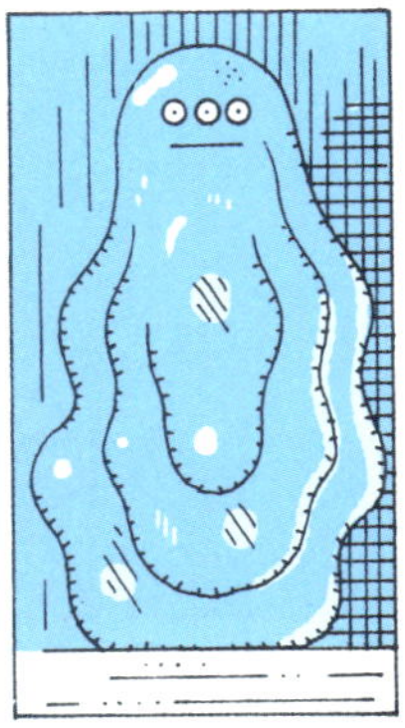

向他在冥王星的医生要一张波波博的消化系统扫描图，但这会花点儿时间！

约翰尼
教授，我马上给您回电话。

16点14分发送

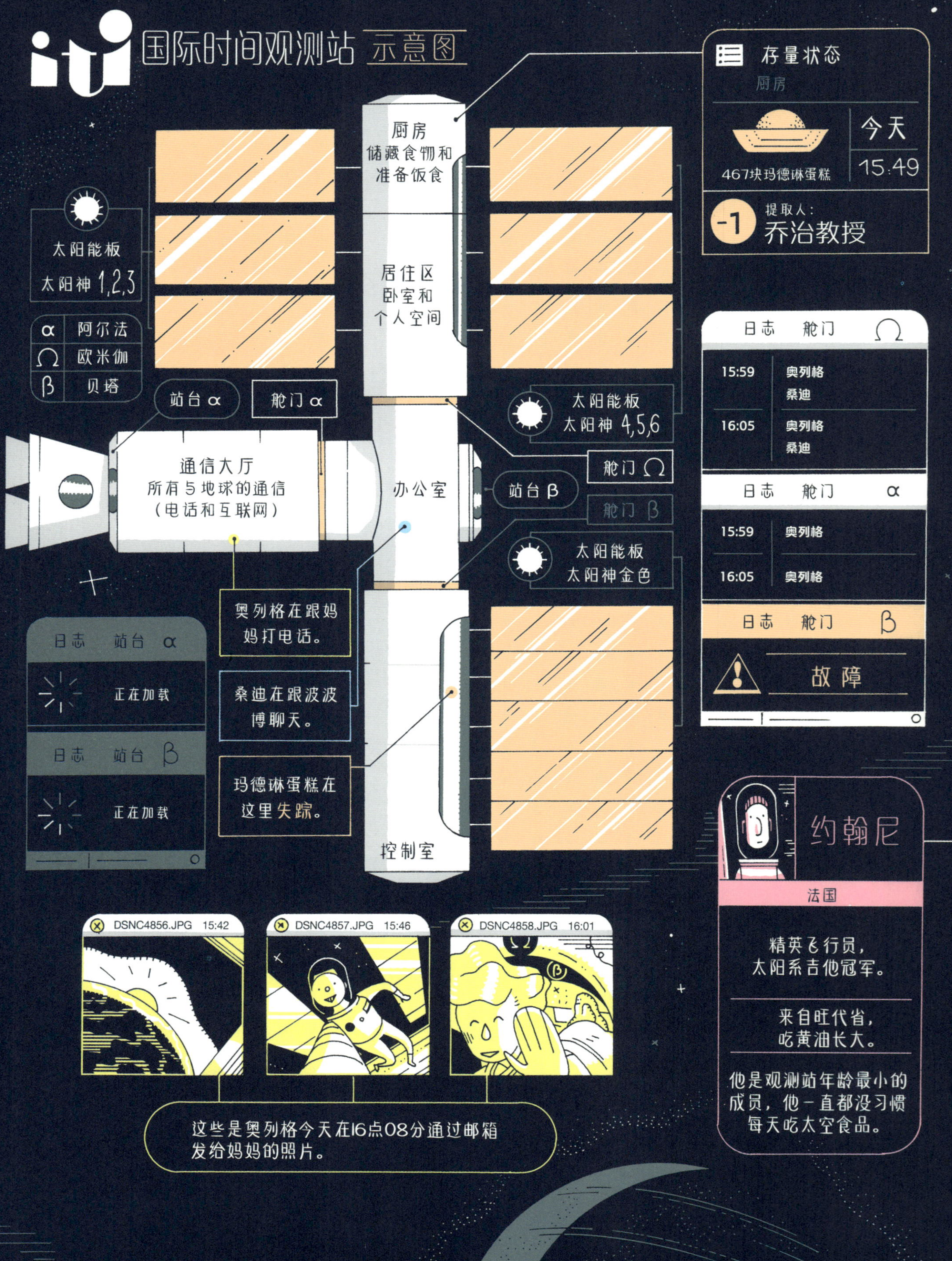

国际时间观测站 示意图
厨房
储藏食物和
准备饭食
居住区
卧室和
个人空间
办公室
控制室
太阳能板
太阳神 1,2,3
α 阿尔法
Ω 欧米伽
β 贝塔
站台 α
舱门 α
通信大厅
所有与地球的通信
（电话和互联网）
太阳能板
太阳神 4,5,6
舱门 Ω
站台 β
舱门 β
太阳能板
太阳神金色
奥列格在跟妈妈打电话。
桑迪在跟波波博聊天。
玛德琳蛋糕在这里失踪。
日志 站台 α
正在加载
日志 站台 β
正在加载
存量状态
厨房
467块玛德琳蛋糕
今天
15:49
-1
提取人：
乔治教授
日志 舱门 Ω
15:59 奥列格 桑迪
16:05 奥列格 桑迪
日志 舱门 α
15:59 奥列格
16:05 奥列格
日志 舱门 β
故障
约翰尼
法国
精英飞行员，
太阳系吉他冠军。
来自旺代省，
吃黄油长大。
他是观测站年龄最小的成员，他一直都没习惯每天吃太空食品。
DSNC4856.JPG 15:42
DSNC4857.JPG 15:46
DSNC4858.JPG 16:01
这些是奥列格今天在16点08分通过邮箱发给妈妈的照片。

奥列格
妈妈
16:03
奥列格？你的相机还没修好吗？
16:06
掉线啦？啊，总是这样！
16:06
没有掉线，我在这儿呢妈妈，相机修好了。
16:07
你想看几张照片吗？
啊，好的！
奥列格的日记
12点30分：维修太阳能板 太阳神金色
15点50分：维修结束
15点51分：返回穿梭机。
1
啊！
16点14分
内容：波波波消化系统扫描图
寄件人：冥王星联盟
附件
桑迪和波波博的对话
15:43 桑迪
如果将来我们观测站食物自给自足的状况因为新一任世界总统而受到威胁的话，你们星球的人民会帮助我们吗？
15:50 波波博
如果你们能提出有吸引力的交换条件，那就没问题。到时候，你们的民俗、艺术会帮上大忙的。
15:50 桑迪
约翰尼会弹吉他，教你们弹吉他可以列入合作的范围吗？
15:58 波波博
如果他会弹席琳·迪翁的歌就可以。
15:58 桑迪
有意思！那教弹一首席琳·迪翁的歌能换多少食物？
15:59 波波博进入更新知识的状态……
姓名：
波波波
最后一次进食时间：11点48分。
啊！
不是冥王星人……
16:15 约翰尼
喂，教授？是的，任务完成得很顺利……
是的，我改变了计划。
您的玛德琳蛋糕？是在16点之后丢的吗？
不，不！
去了卡马尔格之后，我的鞋子湿了。
我是在大约16点回去的，回去后就把鞋子给换了，然后您就发现蛋糕不见了。
……在我的卧室里，我想起了明天是侄女的生日！
哦！
我几个月前就答应要给她拍几张羽毛恐龙的照片！
可是，教授……
那奥列格呢？
会不会是他把您的玛德琳蛋糕拿去分析了，就像上次一样？
乔治教授
奥列格，你的上司要见你。
16点18分发送

奥列格
俄罗斯
潜艇驾驶员，三星主厨。
他经历过一场因观测站食品引起的重大纷争。
16:23 奥列格
不好意思教授，您知道我母亲的……
她很能说。
我在15点50分完成了太阳能板太阳神金色的维修工作，都写在我的日记里了。
然后，我跟我妈妈通了电话，我们之前约好了的。
侏罗纪公园
1993年在美国上映的科幻冒险电影
约翰尼的卧铺
妮农·杜庞（约翰尼的侄女）
约翰尼的电脑
约翰尼
文件
照片
最近的邮件
邮箱
游戏
音乐
已发送
收件人 时间
sspielberg@amblin.com 16:26
sspielberg@amblin.com 16:03
sspielberg@amblin.com 昨天
ninon@freddupond.com
受保护的内容
密码
收件箱
收件人 时间
sspielberg@amblin.com 16:01
fred@freddupond.com 昨天
受保护的内容
心跳监测
	16:01	16:02	16:03	16:04	16:05
约翰尼	89	81	78	77	70
桑迪	84	84	84	84	84
奥列格	84	84	84	84	84
教授	80	80	80	80	80
一年前
日志 舱门 α
15:59 奥列格进入
16:00 约翰尼进入
16:04 约翰尼离开
16:25 约翰尼进入
日志 舱门 β
15:43 波波博进入
16:24 波波博离开
● 社会要闻
北方快报
俄罗斯航天员揭发太空食品难以下咽
这是一个国际时间观测站难以摆脱的争议，观测站已经因为新任世界总统最近的表态而变得岌岌可危，新任世界总统多次怀疑时间旅行是否真的能够预测未来并做出规划，他认为应该把时间旅行打造成吸引富豪的旅游项目……如今，航天员和三星主厨奥列格在他的日志中披露……
奥列格把一份口粮抛到了太空里。
16:08
教授 108

我的玛德琳蛋糕不见了，奥列格。
你老毛病又犯了吗？
啊，没有。我上次就跟您说过我不会再犯了。
而且，食物的质量真的改善了。
我向您保证，这跟我一点儿关系都没有。
桑迪和波波博的对话
16:02 波波博
桑迪？
16:06 波波博
啊，您在这儿。如果是披头士乐队的歌，那就五首换一顿饭。
16:07 桑迪
嗯，不好意思，我……好吧，我问一下约翰尼。那……您喜欢强哥·莱恩哈特吗？约翰尼会弹好几首他的曲子。
16:08 波波博进入更新知识的状态……
16:10 来电：乔治教授
桑迪？
16:10 来电：桑迪
喂，教授。
16:10 来电：乔治教授
桑迪，我的玛德琳蛋糕不见了。
16:10 来电：桑迪
什么？
存量状态
内衣
约翰尼
-1 前天 08:28
-1 昨天 08:23
-1 今天 08:32
-1 前天 08:28
-1 昨天 08:23
-1 今天 08:32
波波博
PIC07801.JPG
PIC07813.JPG
PIC07816.JPG
约翰尼在16点26分通过邮箱发送的照片。
16点27分
所有的人都在控制室里。
教授发火了：他知道发生什么事了。
那么你呢，你知道发生什么事了吗？
小机灵鬼们收：
是的，计算机周围的人工引力系统运转良好。
如果你认为玛德琳蛋糕飘到了别的地方，那你就错了，翻回到第4页看看！
如果什么都没发现的话，翻到下一页

安装在观测站的摄像头拍到的画面：
再加上他的笔记和超级大脑，
教授做出了推断。
他们隐瞒不报的行为已经被太空职业联合会记录在案，因为联合会看到了一段在2018年未经授权在网上传播的航天员抠鼻屎的视频。
在16点03分……
约翰尼
奥列格
桑迪
没有去换鞋子。
您有一封新邮件。
让他妈妈一个人讲了几分钟的电话。
在冥王星人更新知识的时候离开了。
他们这么做并不是为了去偷玛德琳蛋糕。
约翰尼小的时候就很喜欢《侏罗纪公园》，
他一直都很遗憾这部电影拍摄得过早……
所以没能展现更加接近现实的恐龙：
有牙齿的巨型羽毛恐龙
如今，导演史蒂文·斯皮尔伯格想要建造一座真正的恐龙公园！
梦想着能够看到羽毛恐龙的约翰尼不停地发邮件骚扰史蒂文·斯皮尔伯格。
在16点回来之后，约翰尼看到自己的邮件终于有了回复。
亲爱的约翰尼，您提到的羽毛恐龙非常吸引人，是否能尽快再发给我几张照片呢？
史蒂文
于是，约翰尼马上就走了。
（他的脚还是湿的。）
奥列格和桑迪在居住区待了6分钟，他们在偷偷谈恋爱（这是个秘密）。
在这6分钟里，冥王星人波波博完成了知识更新，悄悄来到了控制室。
如果舱门β的日志没有发生故障的话，就能清楚地记录下波波博的行踪……
波波博吃掉了蛋糕，并留下了一行字。
nhfverjoqufvndskgljdls
16:03
冥王星语的意思是：
“这个东西挺好吃的，但黄油少了点儿。”

你们全都跟我撒了谎，真是可悲……
但这无法解释为什么冥王星人的消化系统扫描图上什么都看不出来！
我是怎么跟电脑说的？
请求：
玛德琳蛋糕 -1
请求被拒绝
明天见！
它再也不会给我另一块玛德琳蛋糕了！
给我看看……
扫描图。
下午茶
16:33
冥王星为了表示歉意送来了……
一个巨型玛德琳蛋糕。
16:35
教授当着全体成员的面一个人把蛋糕吃掉了……
16:38
……好打消他们再次撒谎的念头。
16:42
感觉好多了，太好了。
因为三分钟之后，他就该通电话了。
呃……
您打错了一个字。
波波波
波波波也是冥王星人，从11点48分到现在什么都没吃……
波波波
波波博
可偷吃蛋糕的不是波波波，而是波波博。
* miam
教授，关于我今天的任务……
你说。
我按照您的要求，把一匹马带到了月球上……
约翰尼，你知道世界总统很喜欢马。
我得给他一个不把观测站变成豪华酒店的好理由：
我会跟他提议到月球上去骑马，他是不会拒绝的！
可是，这对我们有什么好处呢？
返程还是会很危险的……
只要它一踏上月球……
它就会待在那儿的。
嘟嘟嘟，嘟嘟嘟。
啊！不好意思。
您好，总统先生！
完。

波波博访谈

文本与绘图：本雅明 · 亚当

乔治采访了波波博（这就是他的真名），这位冥王星人出演了故事《乔治教授丢失的玛德琳蛋糕》。这次访谈的结尾比开头还要精彩……

99 **电影里经常会需要外星人。以前有人联系过您去演电影吗？**

波波博 我演过《外星人》（笑）。我还出演过70多部由冥王星导演和海王星导演合拍的影片。我从金星剧院创建那天起就是其中的一员了。我排演过第一版《四月的火星》，这是芙芙夫（伟大的冥王星作家）的著名作品，我每年冬天都会在柯伊伯带艺术节上表演……但对于你们来说，我是个外星人，一个会被问到是否做过演员的外星人！不过，我的确收到了越来越多来自你们星球的演出邀请。你们这儿肯定有人意识到制作电脑特效角色要比雇外星演员费事得多。

99 **我猜在你们冥王星球，儿童也会读书和看电影，对吗？**

波波博 书？您指的是什么？孩子们会看电影。其实冥王星儿童已经快被海王星的烂片洗脑了。说老实话，自从冥王星被降级为矮行星之后，对艺术的财政资助就急剧减少。制作电影的成本非常昂贵，不仅在地球上是这样！

99 **让我们回顾一下《乔治教授丢失的玛德琳蛋糕》这个故事，您不介意罪魁祸首是波波博吗？**

波波博 不介意。这次演出对我来说是一个巨大的挑战。在冥王星，导演们通常会让我扮演重要的正面人物，比如消灭坏人、拯救整个银河系的英雄。在收到这个剧本的时候，我心想终于有机会挑战一个反派角色了。还有就是，我很想摆脱别人贴在我身上的“万人迷演员”这个标签。

99 **冥王星人拥有心灵感应的能力，这事是真的吗？还是为了故事情节编造的？**

波波博 是真的，当然是真的。不过，故事中关于冥王星人更新知识所花的时间是假的，其实更新知识瞬间就完成了，而且是件很快乐的事情，要不然我们早就被野蛮的木星人给消灭了！

99 **您现在在地球上为这个故事接受访谈。您怎么看待我们的星球？**

波波博 地球很大，并且富饶美丽。我希望你们能好好保护地球，因为宇宙中再也没有第二个像它这样的星球了。我在这儿唯一的烦恼，就是你们舍不得放那个……你们怎么说来着？哦对，黄油，你们在糕点里放的黄油总是不够。（波波博再次笑起来，并在瞬间就消失不见了。）

冥王星
星球故事

邦比和高里

侦探大战

文本与绘图：玛丽·诺维昂

可我没有案子可以
给你，我……
啊，天哪！
那怎么才能
找到案子啊？
不是我们去找
案子，而是它
来找我们！
邦比
侦探
那怎么办？
我们等着案子
出现。
我们四处打听打听，
暗中观察。
只有十分专注的侦探才能破案，如果你有
一丁点儿心不在焉，线索立马就……
噗！
立马就会从
你眼皮底下
溜走了！
那要等多久啊？
看情况。
可能一个小时，
一个下午，一天……
我们能不能休息一下？
比如去喝个下午茶……
可以，
当然可以！
如果你不怕错过案子的话……
噫！
哼！好吧，
算你赢了！
嘿嘿！
谢谢。
完

普拉特，想要打发无聊时光的人

文本：樊尚·雅多　绘图：塞维里·米耶

如何打发无聊的星期天？只需要玩一局《妙探寻凶》！乔治查找了这个著名游戏的相关资料。

警察探案：一种爱好

高度近视的安东尼·普拉特戴着一副厚厚的眼镜，他擅长化学和音乐。糟糕的视力让他很依赖听觉，于是他成了一位出色的钢琴家。他为歌手伴奏，也在酒店或大型游轮的晚宴上演奏。

在音乐已经不足以调动气氛的时候，普拉特就会围绕一桩虚构的谋杀案、以警察探案的形式组织一个游戏。普拉特非常喜欢这种游戏。这不奇怪，因为他看过很多侦探小说，还经常从报纸上剪下有关重大案件的报道。

妻子艾娃和他有着共同的爱好，也醉心于犯罪事件和谜案。慢慢地，发明一款新桌游的想法在这位钢琴家的脑中成熟起来。

一款用来打发无聊时光的游戏

第二次世界大战爆发时，普拉特夫妻住在英国伯明翰的斯坦利路9号。夜间的狂轰滥炸导致伯明翰实行了宵禁，人们晚上没法出门了。为了忘记战争带来的恐慌，也为了打发晚间的时光，普拉特和妻子坐在桌旁一起设计他们的探案游戏。

一晚又一晚过去了，丈夫逐渐细化了游戏线索和规则，而妻子则设计出剧情的背景和以颜色命名的犯罪嫌疑人（黄上校、蓝夫人……）。

既没钱又没名

这款游戏在1948年首发。直到今天，它依然是世界上语种版本最多、销量最好的游戏之一。你大概会因此而认为游戏的发明人肯定成了富翁，但事实并非如此。普拉特做生意的能力远远比不上他弹钢琴的水平。卖游戏的钱只够他买下一套房子（不是豪宅）来安置家人。而游戏则变得越来越受欢迎，普拉特的名字很快就被人遗忘。2013年，在他女儿的见证下，斯坦利路9号挂起了一块匾，上面写着“1943—1945：安东尼·普拉特在这座房子里发明了《妙探寻凶》”。房子里是否藏着线索、绳子、匕首、秘密通道？邻居们或许可以去一探究竟……

■ **游戏1** ■

并不完美的犯罪

绘图：乔治

这天早晨，乔治正在看报纸，下页这篇文章引起了他的好奇……

A. 借助文章和下一页中的图画，还有3名嫌犯的陈述，找出罪犯。

罪犯是__________

汤勺夫人：

“在吥吥夫人离开之后，大约9点钟，我把信件放在了客厅的桌子上。我可以肯定地告诉您，当时这个房间是干净的！接着，达科特先生来了，我就跑到厨房里去了（其实，我不太喜欢达科特先生……），没再出来。”

日耳曼先生：

“我好几天没来这儿了，但如果您想知道我今日的行程，我就说一下。今早我去了城里的好几个地方。我去嘀嘀杂货铺、叽叽肉铺和哔哔面包店买了东西，我在哔哔面包店排了几个小时的队，我还去了呼呼药店买创可贴。”

达科特先生：

“今早我确实来过吥吥夫人家，但那是因为她让我来帮她重新粉刷画框。因为我把一点儿油漆刷到了墙上，所以想拿抹布来擦一擦，但是我把油漆罐打翻在地毯上了，还有我的鞋子上……于是我就回家去找去污剂，但我到现在都没找着……”

B. 哪些线索帮到了你？

……………………………………………………

……………………………………………………

C. 在每个人物的下面填上对应的号码：

1. **受害人** **2.** **警官** **3.** **嫌犯** **4.** **罪犯**

…………

…………

…………

…………

…………

D. 报纸的《杂闻》专栏报道的是对国家和世界都没有太大影响的新闻。在下面的这些文章中，哪些可以列入《杂闻》专栏？

☐ **1.**《难以置信：外星人与地球发生接触！》

☐ **2.**《太好了！困在树上两天的小猫终于下来了！》

☐ **3.**《倒霉……梨子节因为下雨被取消了》

☐ **4.**《国际要闻：美国总统选举结果出炉》

失窃的画与弄脏的地毯

2017年2月9日，吓吓夫人在练完小号回到客厅的时候大叫了一声！她那幅名画不见了！盗贼似乎觉得这样还不够，把一罐油漆打翻在吓吓夫人的地毯上……

警察没有发现任何闯入的痕迹，于是把三个有吓吓夫人家钥匙的人叫了过来：她的堂兄日耳曼先生、她的厨娘汤勺夫人和她的邻居达科特先生。

在对他们进行了简短的询问之后，警官扎帕托宣布罪犯就在这三人之中……

2017年2月9日，警官扎帕托在吓吓夫人家中询问三名嫌犯。

■ **游戏2** ■

盯梢与汽车

绘图：塞巴斯蒂安·图阿什

上个星期，乔治扮演了一回侦探，还跟踪了西蒙娜。乔治跟踪的时候不够谨慎，结果很快就被西蒙娜发现了……

现在由你来沿着以下路线盯梢。注意不能走对角线，也不能走有以下图案的格子：

喇叭 • 香蕉皮 • 狂吠的狗 • 红灯

TAXI
汪汪汪!
汪汪汪!
汪汪汪!
汪汪汪!
汪汪汪!
TAXI
汪汪汪!
TAXI
TAXI
汪汪汪!
TAXI
汪汪汪!
TAXI
汪汪汪!
TAXI
TAXI
TAXI
到达

■ **游戏3** ■

重写侦探小说

绘图：斯特凡妮·拉纳

下面是乔治写的第一页侦探小说。西蒙娜觉得这个开头不那么让人害怕，甚至可以说一点都不让人害怕……

▶ 将红色的词语用其反义词来替换，会让故事改头换面！

这是夏季的白天。天亮了。所有的商店都开门了，街上人很多，很吵闹。突然，一个相识的男人消失在我身后。我很放心，因为他看起来很和善。他身穿浅色西服，脸色愉悦，长着一口小尖牙……

游戏4

叮！手工时间到了！

在后面的两页，

你可以找到用来

写匿名信的可剪下来的

汉字！

天	地	人	你	我	他	一	二
三	四	五	上	下	口	耳	目
手	足	站	坐	日	月	水	火
山	石	田	禾	对	云	雨	风
花	鸟	虫	爸	妈	马	土	不
画	打	棋	鸡	字	词	语	句
子	桌	纸	妹	奶	小	桥	台
雪	儿	白	草	家	是	车	路
灯	走	文	数	学	音	乐	秋

气	了	树	叶	片	大	飞	会
个	的	船	两	头	在	里	看
见	闪	星	江	南	可	采	莲
鱼	东	西	北	尖	说	春	青
蛙	夏	弯	皮	哈	就	冬	男
女	开	关	正	反	远	有	色
近	听	无	声	去	还	来	多
少	黄	牛	只	猫	边	鸭	苹
果	杏	桃	书	包	尺	作	业

继续玩游戏吧！

■ **游戏5** ■

人脸画像

西蒙娜碰到了乔治的一个老朋友。为了让乔治能够猜出是哪位老朋友，西蒙娜给出了一些线索，让乔治能够画出这位朋友的相貌。

A. 解开西蒙娜留下的线索之谜。

B. 画出这位神秘朋友的相貌。

脸部形状：

皮肤颜色：

眼睛状态：

嘴巴大小：

头发颜色：

其他特征：

· 蘑菇头，头发偏分。

· 小胡子和领结的颜色与头发相配。

▶你认出乔治的这位朋友了吗？（他出现在“洗发水”主题的单册中。）

■ **游戏6** ■

不起眼的细节

绘图：艾拉酷酷

从正面看福尔摩斯和他的朋友兼搭档。

大名鼎鼎的侦探福尔摩斯以惊人的记忆力和敏锐的观察力著称。这是乔治难以做到的……

A. 仔细观察两幅画面，找出不相符的地方。（这些不相符的元素要么消失不见，要么换了位置，要么被改动了。）

从背面看福尔摩斯和他的朋友兼搭档。

B. 借助画面把左边的文字描述和右边的答案搭配起来：

1. 福尔摩斯的朋友兼搭档

2. 福尔摩斯的住址

3. 创造福尔摩斯这个人物的作家

A. 柯南道尔

B. 华生医生

C. 贝克街221B，伦敦

■ 游戏7 ■

侦探小说女王

绘图：法妮·德雷耶

阿加莎·克里斯蒂写了很多侦探小说，她被人们称为“侦探小说女王”。她从平时听到的聊天内容中汲取灵感，乔治尝试着想象阿加莎撰写侦探小说时的场景……

A. 解开字谜，用与颜色对应的拼音字母把小圆片换掉：

● ● A ● U ●　　L I F ●　　J ● ● ● M ● ● N ● ● ●

Y ● D ● ● S H ● G ● O

a. 理发店里有人在聊天……阿加莎在做笔记。

b. 回到家中，她开始写小说……

c. 阿加莎刚开始写一部新的侦探小说……

d. 她把写完的小说拿给出版社的人看。

B. 为图画a至h的排序：

1：c ____ 2：____ 3：____ 4：____ 5：____ 6：____ 7：____ 8：____

C. 把所有的字母B和字母Y删掉，你就能拼出这本小说的汉语名字：

DAXBIANGBDEZYHEYNGCI

e. 小说出版了，你瞧，阿加莎正在签名。

f. 回到家里以后，她继续写小说……

g. 工人们正在印制图书。

h. 茶室里有人在聊天……阿加莎在做笔记。

■ 职业万花筒 ■

公安机关鉴定机构专家

文本：樊尚·雅多 绘图：斯特凡妮·拉纳

乔治像往常一样准备妥当，为了去见安妮·比索蒂——公安机关鉴定机构专家，他还戴上了手套，以免留下指纹。

你小时候梦想从事什么职业？

安妮 兽医，跟很多孩子一样。

你小时候玩侦探游戏吗？

安妮 不玩，但我一直在看侦探小说：一开始看《著名五人帮》，后来看阿加莎·克里斯蒂和埃德加·爱伦·坡的小说。

你是怎么找到这份工作的？

安妮 我学的是理科，而且获得了生物化学专业的硕士文凭。我开始找工作的时候刚好看到这个职位的招聘启事。

那你的工作包括追捕罪犯吗？

安妮 不包括，我负责查找跟案件有关的文件、证物、指纹……

你配枪了吗？

安妮 没有，我不是警察，我最厉害的“武器”是显微镜。

你工作时就像电视剧里演的那样？

安妮 电视剧里的主角什么都做，他们既是鉴定专家，又要负责追捕罪犯……而且每次都能成功。

你的工作不是这样吗？

安妮 不是，我不追捕罪犯。我和我的小组一起研究各种线索：轮胎痕迹、指纹……目的是帮助警察找到罪犯。我的专长之一就是笔迹分析对比。

怎么个对比法？

安妮 我们会收到书写文件，然后要尝试找出书写者是谁，以便查明真凶。

如果文件是用电脑打印出来的怎么办？

安妮 我们会分析所用打印机的一些微小缺陷，或者是墨水的成分。我们还负责辨别假护照、假证件。有时候我们还要去做证，在法庭上展示我们的分析结果。

你会给那些想从事这份工作的孩子提哪些建议呢？

安妮 学理科。如果对这份工作感兴趣的话，可是要付出努力的！

你的孩子们是怎么看待你的工作的？

安妮 当你把大量时间都花在研究线索时，你就会觉得很亏欠自己的孩子。所以，我们比其他父母更难受。

你不工作的时候会做些什么呢？

安妮 我会做运动，让自己换个心境……我也会看侦探小说。

从香蕉上提取DNA

绘图：斯特凡妮·拉纳

今天在实验室里，乔治想要扮演一回公安机关鉴定机构的专家，完成一次有关DNA的实验，他选择的实验对象是一根香蕉。那么，什么是DNA呢？

小知识

每个人都拥有独一无二的生物特征。比如，我们都知道，每个人的指纹都是不一样的。同样，在分析一个人的DNA时，会得到一个用来识别此人的遗传密码。DNA是核酸的一类，分子庞大，能储藏、复制和传递遗传信息。我们可以从一滴血、一小块皮肤中提取出DNA！

材料

- 一根香蕉
- 盐
- 一张滤纸
- 浓度90%的酒精（在大人的帮助下操作）
- 一个玻璃杯（越细长越好）
- 水
- 一把叉子
- 洗涤剂
- 一把勺子
- 一个深盘

实验

1. 剥开并掰下半根香蕉，然后用叉子在深盘中把香蕉捣成泥。

2. 加入一小勺盐并搅拌均匀。

3. 加入一大勺洗涤剂并再次搅拌。

4. 现在，加入五大勺水，将混合物搅拌均匀。

5. 如图所示，把滤纸放在玻璃杯中（不要让滤纸触到杯底）。

6. 把准备好的搅拌物倒在滤纸上，然后等待至少15分钟，尽可能多地收集过滤液。

7. 把滤纸拿掉，然后请大人把酒精倒入杯中，要仔细沿着杯壁倒入（倒入的酒精大致等于过滤液的一半）。

8. 观察发生了什么：两种液体没有混合（因为它们的密度不同），白色的丝状体形成，并聚拢成一个DNA球状体！

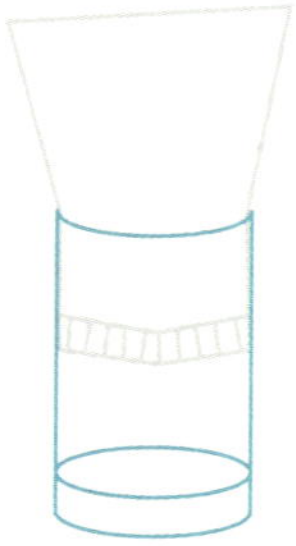

实验说明

在捣碎香蕉并把它与盐和洗涤剂混合的过程中，香蕉的细胞膜破裂，并释放出DNA。过滤搅拌物可以去掉没有破裂的细胞、香蕉的纤维等，同时让DNA分子穿过滤纸。在实验的最后一个步骤中，DNA分子无法溶解在酒精中，于是就聚成了一个球状体。

举起手来，
香蕉！

谁陷害了兔子罗杰？

绘图：斯特凡妮·拉纳

这是罗伯特·泽米吉斯执导的影片，于1988年在美国上映。这部影片的独特之处，就是把真人演员和卡通人物融合在一起同场表演。著名的卡通明星兔子罗杰接了很多通告。但是由于和妻子出现了感情问题，他在拍戏时总是难以集中精神。于是，罗杰所在电影公司的老板马隆先生聘请了私家侦探埃迪跟踪杰西卡（兔子罗杰的妻子）……乔治在此为你重新呈现这部电影开篇时的一场戏。

剧情

埃迪和马隆先生约好了见面。在去马隆先生的办公室之前，埃迪观看了一场动画戏的拍摄（《娃娃哈曼》），在拍摄过程中，兔子罗杰的脑袋被冰箱给砸了。

人物

- 埃迪：暴脾气的私家侦探，讨厌卡通人物。
- 马隆先生：马隆卡通电影公司的老板，喜欢占小便宜。

场景

这场戏发生在马隆先生的办公室里。

对话

马隆： 你对电影行业了解多少，埃迪先生？

埃迪： 我只知道电影是个与众不同的行业。

马隆： 是啊，没有哪个行业会这么烧钱！我的新片《娃娃哈曼》超支了2.5万美元。你看见那只兔子台词说得乱七八糟了吧？他没法集中精神。你知道为什么吗？

埃迪： 大概是因为脑袋被冰箱砸了太多次吧。

马隆： 不是的，他是个卡通人物，他不会有感觉的。但是如果他心碎了的话，他就会垮掉的……看看这个。（马隆把一份报纸递给埃迪。）

埃迪： “据称有人看到一个情场老手和杰西卡打情骂俏，而她是马隆卡通电影公司的明星兔子罗杰的妻子……”这跟我有什么关系？

马隆： 你是私家侦探，你去查清楚吧。

埃迪： 听着，我没时间干这个。

马隆： 听着，埃迪，他老婆是个狠毒的女人，可他还以为她是个乖宝宝呢。我要你去跟踪她，给我拍几张照片，我就能让那只兔子清醒过来了。

埃迪： 算了吧，我不给卡通镇干活。

马隆： 卡通镇怎么了？大家都喜欢卡通镇！

埃迪： 那你就让大家去干这活儿呗，我可不去！

马隆： （他搂住埃迪的肩膀）嘿，哥们儿……你不想去卡通镇吗？那你就不去卡通镇。没人说必须去卡通镇……坐下，埃迪。那只兔子的老婆在“墨水涂料俱乐部”工作。那里只有人类才能进场。那么，埃迪，你觉得呢？（刚好看到房间里的威士忌酒瓶的埃迪没有回答）如何？

埃迪： （他站起身来朝着酒瓶走了过去）这工作你得支付我100美元。

马隆： 100美元？！简直荒唐！

埃迪： 这工作就很荒唐！

马隆： 好好好，就给你100美元。喝一杯吧，埃迪。（埃迪已经一手拿着威士忌酒瓶、一手拿着酒杯了。）

埃迪： 嗯，我不介意喝上一杯。

你对电影行业了解多少，埃迪先生？

游戏答案

这就是封面和封底的
7个不同之处：

游戏1 并不完美的犯罪

A. 罪犯是日耳曼先生。

B. 日耳曼先生说他在哔哔面包店排队，但是我们在画面的右下角可以看到一张传单，上面写着哔哔面包店在2月8日至10日关店，而偷窃事件是在2月9日发生的。另外，日耳曼先生的手上沾了油漆污渍。

C.

3. 4. 3. 1. 2.

D. 文章2和3可以被列入《杂闻》专栏。

游戏2 盯梢与汽车

游戏3 重写侦探小说

以下是重写的反义词版本（但这并非唯一的写法）：

这是冬季的夜晚。天黑了。所有的商店都关门了，街上人很少，很安静。突然，一个陌生的男人出现在我面前。我很担心，因为他看起来很凶恶。他身穿深色西服，脸色悲伤，长着一口大尖牙……

游戏5 人脸画像

A. 脸部形状：圆形。皮肤颜色：黄色。眼睛状态：闭眼。嘴巴大小：小嘴。头发颜色：蓝色。

游戏6 不起眼的细节

A.

B. 1：B。2：C。3：A。

游戏7 侦探小说女王

A. HUA DUO（花朵）；LI FA（理发）；JIAN MIAN HUI（见面会）；YI DUI SHU GAO（一堆书稿）。

B. 1：c。2：a。3：b。4：h。5：f。6：d。7：g。8：e。

C. 小说的名字是：DAXIANGDE ZHENGCI（《大象的证词》）。